粤菜图谱与食物成分

主　编　肖　颖
副主编　张玉梅

北京大学医学出版社

YUECAI TUPU YU SHIWU CHENGFEN

图书在版编目（CIP）数据

粤菜图谱与食物成分 / 肖颖主编 . – 北京 : 北京大学医学出版社 , 2022.1
ISBN 978-7-5659-2493-4

Ⅰ . ①粤… Ⅱ . ①肖… Ⅲ . ①粤菜—菜谱 Ⅳ . ① TS972.182.65

中国版本图书馆 CIP 数据核字 (2021) 第 178073 号

粤菜图谱与食物成分

主　　编：肖　颖
出版发行：北京大学医学出版社
地　　址：（100191）北京市海淀区学院路 38 号　北京大学医学部院内
电　　话：发行部 010-82802230；图书邮购 010-82802495
网　　址：http：//www.pumpress.com.cn
E – mail：booksale@bjmu.edu.cn
印　　刷：北京强华印刷厂
经　　销：新华书店
责任编辑：赵　莳　　责任校对：靳新强　　责任印制：李　啸
开　　本：710 mm × 1000 mm　1/16　　印张：8　字数：153 千字
版　　次：2022 年 1 月第 1 版　2022 年 1 月第 1 次印刷
书　　号：ISBN 978-7-5659-2493-4
定　　价：89.00 元

编者名单

主　编　肖　颖　澳门科技大学医学院

副主编　张玉梅　北京大学公共卫生学院

编　者　陶晓宇　澳门科技大学医学院

梁　颖　澳门科技大学医学院

刘志彬　澳门科技大学医学院

邓颖妍　广州富诺营养科技有限公司

遇见美食，知节制而健康

——写在出版前的话

转角遇见爱，惊喜而浪漫；拐弯遇见美食，简单且平凡。

“仓廪实而知礼节”，仓库里装满粮食，口袋里有钱的日子，人才会懂得彬彬有礼，更懂得有所节制。遇见美食不懂得节制，口袋里有钱却不爱运动，以至于轻巧而灵便的身体变得沉重（超重肥胖），高血脂、糖尿病的发病率屡创新高。

“管住嘴、迈开腿”听起来容易，做起来很难。美食不仅仅是色香味的诱惑，更是多少代人努力获得“千钟粟”的理想！从营养学专业的角度来说，给予大众的膳食建议主要是：“食物要多样、谷类为主”等等，而对超重、肥胖及血脂、血糖异常影响最大的，往往是能量摄入过多。近年来通过多渠道的广泛宣传，普通大众也了解到谷类含淀粉（碳水化合物）多，可以提供能量（4 kcal/g 碳水化合物）；炒菜的油脂能量高（9 kcal/g 脂肪）；肉蛋奶含有蛋白质也能提供能量（4 kcal/g 蛋白质），然而具体到一菜一饭，普通人很难判断，也让愿意节制饮食的人不知如何去做，专家学者呼吁的控制膳食营养摄入这个话题很难真正被大众理解。加之，由于生活节奏加快和居民膳食结构的改变，人们在外就餐机会增加，从事健康管理的专业人员在评估人群和个体膳食营养素摄入时，由于无法从进食的菜肴直接计算出能量及各种营养素，所以难以给出更好的膳食建议。

一羹一饭一菜，一图一文字，就能了解一餐吃了些什么，起源于撰写者最初的设想。我们俩人曾是北京大学公共卫生学院的同事，我们俩人都崇尚“简单”，也把简单方便作为这本书的编写宗旨，希望阅读者、使用者能用最简单的“看图看数据”，判断一餐一饭的营养和能量，做到自我节制三餐；帮助慢性疾病患者控制体重、血糖和血脂；方便健康管理者评估慢性疾病患者个体的饮食状况；便于健康宣传教育者对普通大众进行膳食指导。

人生有很多遇见，遇见粮谷肉蛋鱼蔬菜水果，能够评估并健康饮食，粗茶淡饭同样是健康的美味珍馐。在这本书编写过程中，遇见了四位年轻人，感谢他们在图谱编写过程中事无巨细的工作。我们俩人都出生并成长在食物匮乏的年代，美食是我们骨子里的向往；而年轻人成长在食物丰富的时代，美食是日常。书中照片出自年轻人之手，可以看到年轻人看待美食的眼光，细致并懂得品味，当然也赋予这本书专业及青春的味道。在这本书编写出版过程中，遇见北京大学医学出版社的赵莳老师，她细致，专业，带着编辑的严谨，时而的催促和鼓励，让我们两个忙着教学、科研的主编加快脚步，促使这本书付梓印刷！

人生就是每个人遇见一日三餐四季。美食伴随我们的祖先穿越历史长河，裹挟着文化、传承，更夹杂着色香味的诱惑。一箪食一瓢饮是简单是方便，一本书能让大家看图阅读简单的文字和数据，入目欣赏美食，入口享受美食，更能入心懂得节制，因为节制就营养，就健康！

张玉梅、肖颖写在出版前的春天
于北京大学公共卫生学院办公室
澳门科技大学医学院办公室
2021 年 3 月 27 日

目　录

使用说明

第一部分　畜肉类

第二部分 禽蛋类

第三部分 水产类

第五部分 特色类

使用说明

一、基本说明

1. 菜品分类　我们将本图谱中的所有菜品按照菜品中的主要原材料分为了畜肉类、禽蛋类、水产类、素菜类和特色类五个类别，并对每道菜品单独标注了菜品名称。

2. 重量及营养素计算　为了让读者直观了解菜品的重量，也为了能够方便科研工作者快速计算，我们将本图谱中所呈现的所有菜品重量统一为 150 g（或 150 ml），并使用大小为 65 mm 的网球作为参照物。在本图谱编制过程中为了确保拍摄菜品与生活中实际菜品的形态保持一致，部分菜品我们并未做脱水、去核、去皮或去骨等处理工作，所以在称重时包含了菜品的不可食部分或水分重量，但在实际呈现营养素数值时，考虑食物的食部和水分的比例，我们对营养素数值做了合理调整。

二、“菜品主要营养成分”部分使用名词

1. 能量　维持人体基本生命活动。能量来自食物中的碳水化合物、蛋白质和脂肪。本图谱给出两种能量单位，即千焦（kJ）和千卡（kcal）。

2. 蛋白质　是构成人体的重要物质，也是人体内各种重要生命活性物质的主要组成成分，参与人的生命活动，是所有生化过程的催化剂。

3. 脂肪　可增加食物美味与饱腹感，为人体提供能量，是人体细胞的构成成分，可提供必需脂肪酸，促进脂溶性维生素的吸收。

4. 碳水化合物　是生命细胞结构的主要构成成分及主要供能物质，可以维持大脑功能必需的能量并参与细胞的组成和多种活动。本书中的碳水化合物实际是总碳水化合物，包括可利用碳水化合物和膳食纤维两部分。

5. 钠　是人体中一种重要的无机元素，是人体肌肉组织和神经组织中的主要成分之一，可维持人体电解质平衡等。人体钠的主要来源为矿物质。

6. NRV% 即营养素参考值 (nutrient reference values) 百分比，是消费者选择食品时的一种营养参照尺度。在本图谱中表示 150 g（或 150 ml）相应菜品中所含的某种营养成分提供了人体一天需求量的百分比。计算公式为：

$$X/NRV \times 100\% = NRV\%$$

式中，X 表示食品中某种营养素的含量；

NRV 表示该营养素的营养素参考值；

NRV% 表示该营养素的含量占该营养素每日摄入量的比例（计算结果）。

三、“菜品其他营养成分”部分使用名词

1. 胆固醇 主要来自人体自身的合成，食物中的胆固醇是次要补充。胆固醇不仅参与形成细胞膜，而且是合成胆汁酸、维生素 D 以及甾体激素的原料。

2. 维生素 A 又称视黄醇，能保持皮肤和黏膜的正常、增强免疫功能、预防夜盲症和视力减退。

3. 维生素 C 又称抗坏血酸，是重要的抗氧化剂，可促进伤口愈合和牙龈健康，协助脂肪分解，促进铁的吸收。

4. 硫胺素 即维生素 B_1，具有预防和治疗脚气病的作用，又称抗脚气病维生素。维生素 B_1 也称为抗神经炎因子，对神经组织和心功能具有重要作用。

5. 钙 是人体中一种重要的矿物质，形成坚固的骨骼和牙齿，刺激伤后血液的凝固，是正常神经肌肉活动之所需。

6. 铁 是人体必需微量元素之一，具有造血功能，参与血红蛋白的合成，参与体内氧的运输。铁还参与细胞色素和各种酶的合成，参与组织呼吸和生物氧化还原过程。摄入充足的铁可预防缺铁性贫血。

第一部分

畜肉类

畜肉类 01

- 菜品名称：梅菜扣肉
- 菜品图片

- 菜品食材与配料

猪五花肉 122 g、梅干菜 14 g、蜂蜜 2 g、盐 2 g、生抽 3 ml、老抽 2 ml、油 5 ml，姜、小葱、干辣椒、八角、五香粉、料酒适量。

- 菜品主要营养成分

营养成分表		
	每 150 g	NRV%
能量	1729 kJ/419 kcal	21%
蛋白质	8 g	14%
脂肪	42 g	70%
碳水化合物	3 g	1%
钠	1231 mg	62%

- 菜品其他营养成分

胆固醇	维生素 A	维生素 C	硫胺素	钙	铁
102 mg	46 μgRAE	0 mg	0.15 mg	13 mg	2 mg

畜肉类 02

■ 菜品名称：黑椒牛柳

■ 菜品图片

■ 菜品食材与配料

牛里脊肉 84 g、青椒 17 g、红椒 18 g、洋葱 17 g、盐 2 g、黑胡椒粉 4 g、生抽 2 ml、蚝油 2 ml、油 4 ml，姜、淀粉、白糖、料酒适量。

■ 菜品主要营养成分

营养成分表		
	每 150 g	NRV%
能量	664 kJ/158 kcal	8%
蛋白质	20 g	33%
脂肪	5 g	8%
碳水化合物	9 g	3%
钠	1056 mg	53%

■ 菜品其他营养成分

胆固醇	维生素 A	维生素 C	硫胺素	钙	铁
53 mg	38 μgRAE	40 mg	0.06 mg	14 mg	5 mg

畜肉类 03

■ 菜品名称：咸蛋蒸肉饼

■ 菜品图片

■ 菜品食材与配料

猪肉 93 g、咸鸭蛋 45 g、生粉 3 g、生抽 5 ml、油 4 ml，姜适量、白胡椒粉少许。

■ 菜品主要营养成分

营养成分表		
	每 150 g	NRV%
能量	1673 kJ/403 kcal	20%
蛋白质	18 g	30%
脂肪	35 g	58%
碳水化合物	5 g	2%
钠	1408 mg	70%

■ 菜品其他营养成分

胆固醇	维生素 A	维生素 C	硫胺素	钙	铁
329 mg	66 μgRAE	0 mg	0.32 mg	56 mg	3 mg

畜肉类 04

■ 菜品名称：苦瓜炒牛肉

■ 菜品图片

■ 菜品食材与配料

牛里脊肉 46 g、苦瓜 84 g、豆豉 4 g、生粉 5 g、盐 2 g、白糖 2 g、生抽 2 ml、老抽 1 ml、油 4 ml，蒜、料酒适量。

■ 菜品主要营养成分

营养成分表		
	每 150 g	NRV%
能量	569 kJ/136 kcal	7%
蛋白质	12 g	20%
脂肪	5 g	8%
碳水化合物	12 g	4%
钠	1018 mg	51%

■ 菜品其他营养成分

胆固醇	维生素 A	维生素 C	硫胺素	钙	铁
29 mg	7 μgRAE	38 mg	0.05 mg	16 mg	3 mg

畜肉类 05

- 菜品名称：酱焖牛腩
- 菜品图片

- 菜品食材与配料

牛腩 123 g、柱侯酱 8 g、腐乳 4 g、生抽 6 ml、蚝油 3 ml、老抽 2 ml、油 4 ml，小葱、姜、蒜、干辣椒、花雕酒、料酒适量，香叶、八角少许。

- 菜品主要营养成分

营养成分表		
	每 150 g	NRV%
能量	1950 kJ/470 kcal	23%
蛋白质	23 g	39%
脂肪	40 g	67%
碳水化合物	4 g	1%
钠	911 mg	46%

- 菜品其他营养成分

胆固醇	维生素 A	维生素 C	硫胺素	钙	铁
54 mg	2 μgRAE	0 mg	0.06 mg	14 mg	2 mg

畜肉类 06

- 菜品名称：豉汁蒸排骨
- 菜品图片

- 菜品食材与配料

猪排骨 130 g、豆豉 3 g、白糖 2 g、盐 2 g、淀粉 4 g、生抽 4 ml、老抽 2 ml、油 3 ml，料酒适量。

- 菜品主要营养成分

营养成分表		
	每 150 g	NRV%
能量	1838 kJ/443 kcal	22%
蛋白质	23 g	38%
脂肪	36 g	60%
碳水化合物	7 g	2%
钠	1244 mg	62%

- 菜品其他营养成分

胆固醇	维生素 A	维生素 C	硫胺素	钙	铁
156 mg	9 μgRAE	0 mg	0.41 mg	24 mg	2 mg

畜肉类 07

- 菜品名称：卤大肠
- 菜品图片

- 菜品食材与配料

猪大肠 130 g、冰糖 2 g、盐 3 g、胡椒粉 2 g、生抽 6 ml、老抽 2 ml、蚝油 2 ml、油 3 ml，蒜、姜、香叶、八角、花椒、茴香、干辣椒、料酒适量。

- 菜品主要营养成分

营养成分表		
	每 150 g	NRV%
能量	1264 kJ/305 kcal	15%
蛋白质	10 g	16%
脂肪	27 g	46%
碳水化合物	5 g	2%
钠	1904 mg	95%

- 菜品其他营养成分

胆固醇	维生素 A	维生素 C	硫胺素	钙	铁
178 mg	9 μgRAE	0 mg	0.08 mg	20 mg	2 mg

畜肉类 08

- 菜品名称：胡椒猪肚
- 菜品图片

- 菜品食材与配料

猪肚 74 g、酸菜 49 g、洋葱 5 g、胡椒粉 10 g、酱油 5 ml、蚝油 3 ml、油 4 ml。

- 菜品主要营养成分

营养成分表		
	每 150 g	NRV%
能量	693 kJ/166 kcal	8%
蛋白质	13 g	21%
脂肪	8 g	13%
碳水化合物	11 g	4%
钠	498 mg	25%

- 菜品其他营养成分

胆固醇	维生素 A	维生素 C	硫胺素	钙	铁
117 mg	6 μgRAE	1 mg	0.07 mg	37 mg	4 mg

畜肉类 09

- 菜品名称：猪脚姜醋蛋
- 菜品图片

- 菜品食材与配料

猪蹄 70 g、鸡蛋 40 g、盐 4 g、姜 20 g、红糖 2 g、添丁甜醋 11 ml、油 3 ml。

- 菜品主要营养成分

营养成分表		
	每 150 g	NRV%
能量	855 kJ/205 kcal	10%
蛋白质	15 g	24%
脂肪	14 g	23%
碳水化合物	5 g	2%
钠	1715 mg	86%

- 菜品其他营养成分

胆固醇	维生素 A	维生素 C	硫胺素	钙	铁
306 mg	93 μgRAE	1 mg	0.06 mg	48 mg	2 mg

畜肉类 10

- 菜品名称：窝蛋肉松茄子煲
- 菜品图片

- 菜品食材与配料

茄子 65 g、猪肉 24 g、鸡蛋 40 g、肉松 14 g、盐 2 g、油 5 ml。

- 菜品主要营养成分

营养成分表		
	每 150 g	NRV%
能量	969 kJ/232 kcal	12%
蛋白质	12 g	20%
脂肪	16 g	27%
碳水化合物	11 g	4%
钠	913 mg	46%

- 菜品其他营养成分

胆固醇	维生素 A	维生素 C	硫胺素	钙	铁
260 mg	92 μgRAE	0 mg	0.12 mg	59 mg	2 mg

畜肉类 11

- 菜品名称：镬仔金针肥牛
- 菜品图片

- 菜品食材与配料

肥牛卷 110 g、金针菇 26 g、干辣椒 3 g、盐 2 g、胡椒粉 2 g、蚝油 2 ml、油 5 ml，葱、姜、蒜适量。

- 菜品主要营养成分

营养成分表		
	每 150 g	NRV%
能量	975 kJ/233 kcal	12%
蛋白质	23 g	38%
脂肪	15 g	24%
碳水化合物	3 g	1%
钠	947 mg	47%

- 菜品其他营养成分

胆固醇	维生素 A	维生素 C	硫胺素	钙	铁
64 mg	4 μgRAE	0 mg	0.06 mg	7 mg	2 mg

畜肉类 12

- 菜品名称：菠萝炒牛肉
- 菜品图片

- 菜品食材与配料

牛肉 80 g、菠萝 58 g、盐 3 g、生抽 4 ml、油 5 ml，姜、葱、料酒适量。

- 菜品主要营养成分

营养成分表		
	每 150 g	NRV%
能量	806 kJ/193 kcal	10%
蛋白质	16 g	27%
脂肪	12 g	20%
碳水化合物	5 g	2%
钠	1461 mg	73%

- 菜品其他营养成分

胆固醇	维生素 A	维生素 C	硫胺素	钙	铁
46 mg	3 μgRAE	7 mg	0.05 mg	13 mg	2 mg

畜肉类 13

- 菜品名称：青蒜炒猪颈肉
- 菜品图片

- 菜品食材与配料

猪颈肉 95 g、青蒜 45 g、盐 2 g、白糖 2 g、蚝油 2 ml、油 4 ml，料酒适量。

- 菜品主要营养成分

营养成分表		
	每 150 g	NRV%
能量	857 kJ/205 kcal	10%
蛋白质	23 g	38%
脂肪	11 g	18%
碳水化合物	5 g	2%
钠	927 mg	46%

- 菜品其他营养成分

胆固醇	维生素 A	维生素 C	硫胺素	钙	铁
111 mg	34 μgRAE	6 mg	0.2 mg	15 mg	2 mg

畜肉类 14

- 菜品名称：五香粉蒸牛肉
- 菜品图片

- 菜品食材与配料

牛肉 78 g、青椒 14 g、红椒 14 g、蒸肉粉 21 g、五香粉 12 g、淀粉 3 g、生抽 3 ml、蚝油 2 ml、油 3 ml，姜、料酒适量。

- 菜品主要营养成分

营养成分表		
	每 150 g	NRV%
能量	1141 kJ/273 kcal	14%
蛋白质	18 g	30%
脂肪	11 g	18%
碳水化合物	26 g	9%
钠	606 mg	30%

- 菜品其他营养成分

胆固醇	维生素 A	维生素 C	硫胺素	钙	铁
45 mg	29 μgRAE	31 mg	0.04 mg	42 mg	7 mg

畜肉类 15

- 菜品名称：咖喱马铃薯焖牛腩
- 菜品图片

- 菜品食材与配料

牛腩 68 g、咖喱 10 g、马铃薯 18 g、青椒 14 g、红椒 14 g、胡萝卜 7 g、洋葱 10 g、盐 2 g、生抽 3 ml、油 4 ml，葱、姜、八角、料酒适量。

- 菜品主要营养成分

营养成分表		
	每 150 g	NRV%
能量	1380 kJ/332 kcal	16%
蛋白质	14 g	23%
脂肪	25 g	42%
碳水化合物	13 g	4%
钠	967 mg	48%

- 菜品其他营养成分

胆固醇	维生素 A	维生素 C	硫胺素	钙	铁
30 mg	61 μgRAE	35 mg	0.1 mg	67 mg	4 mg

畜肉类 16

- 菜品名称：茶树菇牛柳
- 菜品图片

- 菜品食材与配料

牛里脊肉 118 g、茶树菇 16 g、淀粉 3 g、生抽 5 ml、蚝油 4 ml、油 4 ml，葱、蒜适量。

- 菜品主要营养成分

营养成分表		
	每 150 g	NRV%
能量	792 kJ/188 kcal	9%
蛋白质	28 g	46%
脂肪	5 g	9%
碳水化合物	8 g	3%
钠	557 mg	28%

- 菜品其他营养成分

胆固醇	维生素 A	维生素 C	硫胺素	钙	铁
74 mg	5 μgRAE	0 mg	0.07 mg	9 mg	6 mg

畜肉类 17

- 菜品名称：马蹄炖排骨
- 菜品图片

- 菜品食材与配料

猪排骨 25 g、马蹄 35 g、盐 2 g、生抽 2 ml、老抽 2 ml、蚝油 2 ml、油 2 ml、水 80 ml，红枣、姜、蒜、淀粉、料酒适量。

- 菜品主要营养成分

营养成分表		
	每 150 g	NRV%
能量	476 kJ/114 kcal	6%
蛋白质	5 g	8%
脂肪	8 g	14%
碳水化合物	5 g	2%
钠	1150 mg	57%

- 菜品其他营养成分

胆固醇	维生素 A	维生素 C	硫胺素	钙	铁
30 mg	3 μgRAE	2 mg	0.08 mg	8 mg	1 mg

畜肉类 18

■ 菜品名称：潮式凉瓜排骨煲

■ 菜品图片

■ 菜品食材与配料

猪排骨 36 g、苦瓜 25 g、豆瓣酱 2 g、老抽 2 ml、油 2 ml、水 83 ml，姜、葱、花椒、八角、料酒适量。

■ 菜品主要营养成分

营养成分表		
	每 150 g	NRV%
能量	560 kJ/135 kcal	7%
蛋白质	7 g	11%
脂肪	11 g	19%
碳水化合物	2 g	1%
钠	205 mg	10%

■ 菜品其他营养成分

胆固醇	维生素 A	维生素 C	硫胺素	钙	铁
43 mg	4 μgRAE	11 mg	0.12 mg	10 mg	1 mg

畜肉类 19

■ 菜品名称：卤水猪手

■ 菜品图片

■ 菜品食材与配料

猪蹄 133 g、白糖 4 g、盐 3 g、生抽 4 ml、老抽 2 ml、油 4 ml，料酒适量。

■ 菜品主要营养成分

营养成分表		
	每 150 g	NRV%
能量	1101 kJ/265 kcal	13%
蛋白质	18 g	31%
脂肪	19 g	32%
碳水化合物	5 g	2%
钠	1629 mg	81%

■ 菜品其他营养成分

胆固醇	维生素 A	维生素 C	硫胺素	钙	铁
153 mg	2 μgRAE	0 mg	0.04 mg	31 mg	1 mg

畜肉类 20

- 菜品名称：四季豆炒牛肉
- 菜品图片

- 菜品食材与配料

牛肉 60 g、四季豆 75 g、红辣椒 4 g、盐 2 g、生粉 2 g、鸡精 2 g、白糖 2 g、油 3 ml，姜、蒜、料酒适量。

- 菜品主要营养成分

营养成分表		
	每 150 g	NRV%
能量	687 kJ/164 kcal	8%
蛋白质	14 g	23%
脂肪	9 g	14%
碳水化合物	9 g	3%
钠	1209 mg	60%

- 菜品其他营养成分

胆固醇	维生素 A	维生素 C	硫胺素	钙	铁
35 mg	34 μgRAE	9 mg	0.06 mg	36 mg	2 mg

畜肉类 21

■ 菜品名称：羊肉煲

■ 菜品图片

■ 菜品食材与配料

羊肉 108 g、腐竹 10 g、马蹄 10 g、盐 2 g、蔗汁 10 ml、生抽 3 ml、老抽 2 ml、油 5 ml，蒜、姜、八角、香叶、料酒适量。

■ 菜品主要营养成分

营养成分表		
	每 150 g	NRV%
能量	1011 kJ/242 kcal	12%
蛋白质	23 g	38%
脂肪	14 g	23%
碳水化合物	7 g	2%
钠	1189 mg	59%

■ 菜品其他营养成分

胆固醇	维生素 A	维生素 C	硫胺素	钙	铁
80 mg	8 μgRAE	1 mg	0.08 mg	27 mg	6 mg

第二部分

禽蛋类

禽蛋类 01

- 菜品名称：脆皮烧鸭
- 菜品图片

- 菜品食材与配料

鸭肉 130 g、蜂蜜 2 g、盐 2 g、白糖 2 g、五香粉 2 g、蚝油 2 ml、醋 2 ml、生抽 2 ml、老抽 2 ml、油 4 ml，姜、料酒适量。

- 菜品主要营养成分

营养成分表		
	每 150 g	NRV%
能量	1147 kJ/276 kcal	14%
蛋白质	14 g	24%
脂肪	22 g	36%
碳水化合物	6 g	2%
钠	1196 mg	60%

- 菜品其他营养成分

胆固醇	维生素 A	维生素 C	硫胺素	钙	铁
83 mg	46 μgRAE	0 mg	0.07 mg	13 mg	3 mg

禽蛋类 02

- 菜品名称：蜜汁叉烧酱鸡腿
- 菜品图片

- 菜品食材与配料

鸡腿肉 125 g、叉烧酱 13 g、蜂蜜 3 g、生抽 5 ml、油 4 ml，姜、蒜、白胡椒粉、料酒适量。

- 菜品主要营养成分

营养成分表		
	每 150 g	NRV%
能量	864 kJ/207 kcal	10%
蛋白质	19 g	32%
脂肪	11 g	18%
碳水化合物	9 g	3%
钠	439 mg	22%

- 菜品其他营养成分

胆固醇	维生素 A	维生素 C	硫胺素	钙	铁
92 mg	20 μgRAE	0 mg	0.06 mg	4 mg	2 mg

禽蛋类 03

■ 菜品名称：香菇滑鸡

■ 菜品图片

■ 菜品食材与配料

鸡腿肉 110 g、香菇 25 g、大葱 4 g、盐 2 g、白糖 2 g、生抽 3 ml、油 4 ml，姜、小葱、料酒适量。

■ 菜品主要营养成分

营养成分表		
	每 150 g	NRV%
能量	697 kJ/167 kcal	8%
蛋白质	17 g	28%
脂肪	10 g	16%
碳水化合物	3 g	1%
钠	1019 mg	51%

■ 菜品其他营养成分

胆固醇	维生素 A	维生素 C	硫胺素	钙	铁
81 mg	18 μgRAE	0 mg	0.05 mg	6 mg	2 mg

禽蛋类 04

- 菜品名称：东江盐焗鸡
- 菜品图片

- 菜品食材与配料

鸡肉 143 g、盐 3 g、油 4 ml，姜、小葱、花椒、白胡椒粉、料酒适量。

- 菜品主要营养成分

营养成分表		
	每 150 g	NRV%
能量	698 kJ/167 kcal	8%
蛋白质	18 g	30%
脂肪	10 g	17%
碳水化合物	1 g	0%
钠	1236 mg	62%

- 菜品其他营养成分

胆固醇	维生素 A	维生素 C	硫胺素	钙	铁
95 mg	83 μgRAE	0 mg	0.05 mg	13 mg	2 mg

禽蛋类 05

- 菜品名称：火腿滑蛋
- 菜品图片

- 菜品食材与配料

火腿 72 g、鸡蛋 72 g、盐 2 g、油 4 ml。

- 菜品主要营养成分

营养成分表		
	每 150 g	NRV%
能量	1204 kJ/288 kcal	14%
蛋白质	15 g	25%
脂肪	21 g	35%
碳水化合物	10 g	3%
钠	1576 mg	79%

- 菜品其他营养成分

胆固醇	维生素 A	维生素 C	硫胺素	钙	铁
446 mg	160 μgRAE	0 mg	0.23 mg	77 mg	2 mg

禽蛋类 06

- 菜品名称：菠萝烩鸡翅
- 菜品图片

- 菜品食材与配料

鸡翅 102 g、菠萝 34 g、淀粉 3 g、盐 2 g、白糖 3 g、蚝油 1 ml、醋 2 ml、油 4 ml，葱、姜适量。

- 菜品主要营养成分

营养成分表		
	每 150 g	NRV%
能量	859 kJ/206 kcal	10%
蛋白质	14 g	23%
脂肪	12 g	20%
碳水化合物	11 g	4%
钠	872 mg	44%

- 菜品其他营养成分

胆固醇	维生素 A	维生素 C	硫胺素	钙	铁
57 mg	20 μgRAE	4 mg	0.01 mg	11 mg	1 mg

禽蛋类 07

■ 菜品名称：卤水鸭翅

■ 菜品图片

■ 菜品食材与配料

鸭翅 135 g、白糖 5 g、生抽 5 ml、老抽 2 ml、油 3 ml，葱、姜、草果、桂皮、八角、料酒适量。

■ 菜品主要营养成分

营养成分表		
	每 150 g	NRV%
能量	775 kJ/185 kcal	9%
蛋白质	15 g	26%
脂肪	9 g	14%
碳水化合物	12 g	4%
钠	475 mg	24%

■ 菜品其他营养成分

胆固醇	维生素 A	维生素 C	硫胺素	钙	铁
44 mg	13 μgRAE	0 mg	0.02 mg	23 mg	3 mg

禽蛋类 08

- 菜品名称：红枣枸杞炖鹌鹑
- 菜品图片

- 菜品食材与配料

鹌鹑肉 50 g、枸杞 6 g、红枣 5 g、盐 2 g、油 2 ml、水 85 ml，葱、姜适量。

- 菜品主要营养成分

营养成分表		
	每 150 g	NRV%
能量	331 kJ/79 kcal	4%
蛋白质	7 g	11%
脂肪	3 g	5%
碳水化合物	7 g	2%
钠	816 mg	41%

- 菜品其他营养成分

胆固醇	维生素 A	维生素 C	硫胺素	钙	铁
46 mg	107 μgRAE	3 mg	0.04 mg	21 mg	1 mg

禽蛋类 09

■ 菜品名称：柠汁煎乳鸽

■ 菜品图片

■ 菜品食材与配料

乳鸽肉 125 g、柠檬 8 g、蜂蜜 3 g、白糖 2 g、蚝油 4 ml、生抽 2 ml、老抽 2 ml、油 4 ml，料酒适量。

■ 菜品主要营养成分

营养成分表		
	每 150 g	NRV%
能量	1288 kJ/311 kcal	15%
蛋白质	9 g	14%
脂肪	28 g	47%
碳水化合物	6 g	2%
钠	891 mg	45%

■ 菜品其他营养成分

胆固醇	维生素 A	维生素 C	硫胺素	钙	铁
0 mg	32 μgRAE	2 mg	0.06 mg	618 mg	2 mg

禽蛋类 10

■ 菜品名称：蒜香鸡翅

■ 菜品图片

■ 菜品食材与配料

鸡翅 127 g、蒜 8 g、盐 1 g、白糖 1 g、生抽 5 ml、老抽 4 ml、油 4 ml，姜、葱、小红尖椒、料酒适量。

■ 菜品主要营养成分

营养成分表		
	每 150 g	NRV%
能量	976 kJ/234 kcal	12%
蛋白质	18 g	29%
脂肪	14 g	24%
碳水化合物	9 g	3%
钠	1003 mg	50%

■ 菜品其他营养成分

胆固醇	维生素 A	维生素 C	硫胺素	钙	铁
71 mg	25 μgRAE	0 mg	0.01 mg	15 mg	2 mg

禽蛋类 11

- 菜品名称：卤水鸭胗
- 菜品图片

- 菜品食材与配料

鸭胗 140 g、冰糖 3 g、老抽 2 ml、生抽 2 ml、油 3 ml，葱、大料、桂皮、花椒、甘草、料酒适量。

- 菜品主要营养成分

营养成分表		
	每 150 g	NRV%
能量	679 kJ/161 kcal	8%
蛋白质	23 g	39%
脂肪	5 g	8%
碳水化合物	6 g	2%
钠	343 mg	17%

- 菜品其他营养成分

胆固醇	维生素 A	维生素 C	硫胺素	钙	铁
197 mg	8 μgRAE	0 mg	0.05 mg	18 mg	6 mg

禽蛋类 12

- 菜品名称：药膳乌鸡汤
- 菜品图片

- 菜品食材与配料

乌鸡肉 61 g、盐 2 g、油 2 ml、水 85 ml，当归、党参、黄芪、莲子、薏米、枸杞、红枣、姜适量。

- 菜品主要营养成分

营养成分表		
	每 150 g	NRV%
能量	309 kJ/74 kcal	4%
蛋白质	8 g	13%
脂肪	5 g	8%
碳水化合物	0 g	0%
钠	810 mg	41%

- 菜品其他营养成分

胆固醇	维生素 A	维生素 C	硫胺素	钙	铁
41 mg	35 μgRAE	微量	0.02 mg	6 mg	1 mg

禽蛋类 13

- 菜品名称：虫草花鸡汤
- 菜品图片

- 菜品食材与配料

鸡肉 50 g、虫草花 6 g、盐 2 g、油 2 ml、水 90 ml，红枣、枸杞、姜适量。

- 菜品主要营养成分

营养成分表		
	每 150 g	NRV%
能量	343 kJ/82 kcal	4%
蛋白质	8 g	13%
脂肪	4 g	7%
碳水化合物	4 g	1%
钠	808 mg	40%

- 菜品其他营养成分

胆固醇	维生素 A	维生素 C	硫胺素	钙	铁
33 mg	29 μgRAE	1 mg	0.03 mg	80 mg	1 mg

禽蛋类 16

- 菜品名称：姜葱鹅肠
- 菜品图片

- 菜品食材与配料

鹅肠 107 g、大葱 26 g、盐 2 g、淀粉 2 g、鸡精 2 g、白糖 2 g、蚝油 2 ml、生抽 3 ml、油 4 ml，姜、蒜、小红尖椒、香菜适量。

- 菜品主要营养成分

营养成分表		
	每 150 g	NRV%
能量	717 kJ/171 kcal	9%
蛋白质	22 g	36%
脂肪	6 g	10%
碳水化合物	7 g	2%
钠	1491 mg	75%

- 菜品其他营养成分

胆固醇	维生素 A	维生素 C	硫胺素	钙	铁
164 mg	56 μgRAE	1 mg	0.07 mg	20 mg	6 mg

禽蛋类 17

■ 菜品名称：盐焗凤爪

■ 菜品图片

■ 菜品食材与配料

鸡爪 142 g、盐 2 g、鸡精 3 g、芝麻油 1 ml、油 2 ml，葱、姜、花椒、料酒适量。

■ 菜品主要营养成分

营养成分表		
	每 150 g	NRV%
能量	908 kJ/217 kcal	11%
蛋白质	17 g	28%
脂肪	16 g	26%
碳水化合物	1 g	0%
钠	1415 mg	71%

■ 菜品其他营养成分

胆固醇	维生素 A	维生素 C	硫胺素	钙	铁
72 mg	26 μgRAE	0 mg	0.05 mg	76 mg	1 mg

禽蛋类 18

- 菜品名称：秘制鹅肉
- 菜品图片

- 菜品食材与配料

鹅肉 126 g、豆豉 2 g、柱侯酱 7 g、盐 2 g、冰糖 5 g、蚝油 2 ml、生抽 3 ml、油 3 ml，姜、蒜、料酒、熟芝麻、八角适量。

- 菜品主要营养成分

营养成分表		
	每 150 g	NRV%
能量	1102 kJ/265 kcal	13%
蛋白质	16 g	26%
脂肪	19 g	32%
碳水化合物	8 g	3%
钠	1354 mg	68%

- 菜品其他营养成分

胆固醇	维生素 A	维生素 C	硫胺素	钙	铁
59 mg	34 μgRAE	0 mg	0.06 mg	13 mg	4 mg

禽蛋类 19

- 菜品名称：豉油鸡
- 菜品图片

- 菜品食材与配料

鸡肉 136 g、盐 2 g、生抽 5 ml、油 5 ml、香油 2 ml，姜、蒜少许。

- 菜品主要营养成分

营养成分表		
	每 150 g	NRV%
能量	797 kJ/190 kcal	9%
蛋白质	18 g	29%
脂肪	13 g	21%
碳水化合物	1 g	0%
钠	1128 mg	56%

- 菜品其他营养成分

胆固醇	维生素 A	维生素 C	硫胺素	钙	铁
91 mg	79 μgRAE	0 mg	0.05 mg	16 mg	2 mg

禽蛋类 20

■ 菜品名称：冬瓜薏米煲鸭

■ 菜品图片

■ 菜品食材与配料

鸭肉 44 g、冬瓜 10 g、薏米 8 g、盐 2 g、鸡精 1 g、油 2 ml、水 83 ml，姜、料酒适量。

■ 菜品主要营养成分

营养成分表		
	每 150 g	NRV%
能量	435 kJ/105 kcal	5%
蛋白质	5 g	9%
脂肪	8 g	13%
碳水化合物	3 g	1%
钠	996 mg	50%

■ 菜品其他营养成分

胆固醇	维生素 A	维生素 C	硫胺素	钙	铁
28 mg	16 μgRAE	1 mg	0.03 mg	5 mg	1 mg

禽蛋类 21

- 菜品名称：卤水鹅掌
- 菜品图片

- 菜品食材与配料

鹅掌 142 g、冰糖 2 g、老抽 2 ml、生抽 2 ml、油 2 ml，葱、大料、桂皮、花椒、甘草、料酒适量。

- 菜品主要营养成分

营养成分表		
	每 150 g	NRV%
能量	1056 kJ/254 kcal	13%
蛋白质	16 g	27%
脂肪	20 g	33%
碳水化合物	3 g	1%
钠	306 mg	15%

- 菜品其他营养成分

胆固醇	维生素 A	维生素 C	硫胺素	钙	铁
66 mg	38 μgRAE	0 mg	0.06 mg	6 mg	4 mg

第三部分

水产类

水产类 01

- 菜品名称：白灼基围虾
- 菜品图片

- 菜品食材与配料

基围虾 147 g、盐 3 g，葱、姜、料酒适量。

- 菜品主要营养成分

营养成分表		
	每 150 g	NRV%
能量	377 kJ/89 kcal	4%
蛋白质	16 g	27%
脂肪	1 g	2%
碳水化合物	3 g	1%
钠	1331 mg	67%

- 菜品其他营养成分

胆固醇	维生素 A	维生素 C	硫胺素	钙	铁
160 mg	微量	0 mg	0.02 mg	74 mg	2 mg

水产类 02

- 菜品名称：蒜蓉粉丝蒸扇贝
- 菜品图片

- 菜品食材与配料

扇贝 124 g、粉丝 8 g、蒜 8 g、小红尖椒 3 g、生抽 4 ml、油 3 ml，葱、料酒适量。

- 菜品主要营养成分

营养成分表		
	每 150 g	NRV%
能量	310 kJ/74 kcal	4%
蛋白质	5 g	9%
脂肪	3 g	5%
碳水化合物	6 g	2%
钠	379 mg	19%

- 菜品其他营养成分

胆固醇	维生素 A	维生素 C	硫胺素	钙	铁
61 mg	0 μgRAE	3 mg	0.01 mg	69 mg	4 mg

水产类 03

- 菜品名称：椒盐濑尿虾
- 菜品图片

- 菜品食材与配料

濑尿虾 120 g、蒜 8 g、姜 8 g、葱 6 g、胡椒粉 2 g、盐 2 g、油 4 ml，小红尖椒适量。

- 菜品主要营养成分

营养成分表		
	每 150 g	NRV%
能量	353 kJ/84 kcal	4%
蛋白质	6 g	9%
脂肪	5 g	8%
碳水化合物	5 g	2%
钠	976 mg	49%

- 菜品其他营养成分

胆固醇	维生素 A	维生素 C	硫胺素	钙	铁
33 mg	5 μgRAE	微量	0.01 mg	11 mg	1 mg

水产类 04

■ 菜品名称：紫苏钉螺

■ 菜品图片

■ 菜品食材与配料

钉螺 130 g、青椒 5 g、紫苏 7 g、蚝油 2 ml、酱油 2 ml、油 4 ml，洋葱、蒜、葱、姜、料酒、小红尖椒适量。

■ 菜品主要营养成分

营养成分表		
	每 150 g	NRV%
能量	237 kJ/57 kcal	3%
蛋白质	9 g	14%
脂肪	1 g	1%
碳水化合物	4 g	1%
钠	82 mg	4%

■ 菜品其他营养成分

胆固醇	维生素 A	维生素 C	硫胺素	钙	铁
0 mg	80 μgRAE	7 mg	0.02 mg	401 mg	4 mg

水产类 05

- 菜品名称：碳烤生蚝
- 菜品图片

- 菜品食材与配料

生蚝 120 g、蒜 20 g、小红尖椒 3 g、盐 2 g、胡椒粉 1 g、油 4 ml，葱适量。

- 菜品主要营养成分

营养成分表		
	每 150 g	NRV%
能量	553 kJ/131 kcal	7%
蛋白质	14 g	23%
脂肪	6 g	10%
碳水化合物	6 g	2%
钠	1114 mg	56%

- 菜品其他营养成分

胆固醇	维生素 A	维生素 C	硫胺素	钙	铁
113 mg	1 μgRAE	3 mg	0.06 mg	50 mg	6 mg

水产类 06

■ 菜品名称：XO 酱爆象拔蚌

■ 菜品图片

■ 菜品食材与配料

象拔蚌 140 g、白糖 2 g、XO 酱 2 g、生抽 1 ml、蚝油 1 ml、油 4 ml，尖椒、蒜、姜、葱、香菜、料酒适量。

■ 菜品主要营养成分

营养成分表		
	每 150 g	NRV%
能量	374 kJ / 89 kcal	4%
蛋白质	5.7 g	10%
脂肪	5.4 g	9%
碳水化合物	4.4 g	1%
钠	377 mg	19%

■ 菜品其他营养成分

胆固醇	维生素 A	维生素 C	硫胺素	钙	铁
86 mg	12 μgRAE	微量	0.01 mg	79 mg	6 mg

水产类 07

■ 菜品名称：西芹炒虾仁

■ 菜品图片

■ 菜品食材与配料

虾仁 59 g、西芹 86 g、盐 1 g、油 4 ml，姜、生粉、料酒适量。

■ 菜品主要营养成分

营养成分表		
	每 150 g	NRV%
能量	703 kJ/166 kcal	8%
蛋白质	13 g	21%
脂肪	4 g	7%
碳水化合物	20 g	7%
钠	783 mg	39%

■ 菜品其他营养成分

胆固醇	维生素 A	维生素 C	硫胺素	钙	铁
115 mg	1 μgRAE	3 mg	0.01 mg	75 mg	0 mg

水产类 08

■ 菜品名称：蒜烧黄鱼

■ 菜品图片

■ 菜品食材与配料

黄鱼 114 g、蒜 25 g、盐 2 g、冰糖 2 g、生抽 2 ml、老抽 1 ml、油 4 ml，花椒、八角少许。

■ 菜品主要营养成分

营养成分表		
	每 150 g	NRV%
能量	646 kJ/154 kcal	8%
蛋白质	13 g	22%
脂肪	8 g	13%
碳水化合物	8 g	3%
钠	1112 mg	56%

■ 菜品其他营养成分

胆固醇	维生素 A	维生素 C	硫胺素	钙	铁
54 mg	67 μgRAE	1 mg	0.03 mg	146 mg	1 mg

水产类 09

- 菜品名称：XO 酱爆蛏子
- 菜品图片

- 菜品食材与配料

蛏子 140 g、白糖 1 g、XO 酱 3 g、生抽 1 ml、蚝油 1 ml、油 4 ml，香菜、小红尖椒、蒜、姜、葱、料酒适量。

- 菜品主要营养成分

营养成分表		
	每 150 g	NRV%
能量	441 kJ/105 kcal	5%
蛋白质	10 g	17%
脂肪	6 g	10%
碳水化合物	3 g	1%
钠	274 mg	14%

- 菜品其他营养成分

胆固醇	维生素 A	维生素 C	硫胺素	钙	铁
33 mg	0 μgRAE	微量	0 mg	35 mg	31 mg

水产类 10

■ 菜品名称：炒花甲

■ 菜品图片

■ 菜品食材与配料

花甲 143 g、豆瓣酱 3 g、油 4 ml，小红尖椒、蒜、姜、葱、料酒适量。

■ 菜品主要营养成分

营养成分表		
	每 150 g	NRV%
能量	279 kJ/66 kcal	3%
蛋白质	4 g	7%
脂肪	4 g	7%
碳水化合物	2 g	1%
钠	268 mg	13%

■ 菜品其他营养成分

胆固醇	维生素 A	维生素 C	硫胺素	钙	铁
8 mg	0 μgRAE	微量	0.00 mg	16 mg	8 mg

水产类 11

- 菜品名称：青瓜炒鲜鱿
- 菜品图片

- 菜品食材与配料

鲜鱿鱼 84 g、青瓜 56 g、白糖 2 g、盐 1 g、蚝油 3 ml、油 4 ml，姜、蒜少许。

- 菜品主要营养成分

营养成分表		
	每 150 g	NRV%
能量	517 kJ/123 kcal	6%
蛋白质	15 g	24%
脂肪	5 g	9%
碳水化合物	4 g	1%
钠	590 mg	30%

- 菜品其他营养成分

胆固醇	维生素 A	维生素 C	硫胺素	钙	铁
218 mg	33 μgRAE	5 mg	0.03 mg	50 mg	1 mg

水产类 12

- 菜品名称：顺德煎鱼饼
- 菜品图片

- 菜品食材与配料

鱼肉 136 g、盐 1 g、生粉 5 g、生抽 4 ml、油 4 ml，葱、香菜少许。

- 菜品主要营养成分

营养成分表		
	每 150 g	NRV%
能量	595 kJ/142 kcal	7%
蛋白质	13 g	22%
脂肪	8 g	14%
碳水化合物	4 g	1%
钠	660 mg	33%

- 菜品其他营养成分

胆固醇	维生素 A	维生素 C	硫胺素	钙	铁
68 mg	9 μgRAE	0 mg	0.03 mg	34 mg	1 mg

水产类 13

- 菜品名称：番茄焖红杉鱼
- 菜品图片

- 菜品食材与配料

红杉鱼 131 g、番茄 12 g、盐 3 g、油 4 ml，葱、姜、料酒适量。

- 菜品主要营养成分

营养成分表		
	每 150 g	NRV%
能量	380 kJ/91 kcal	5%
蛋白质	10 g	16%
脂肪	6 g	9%
碳水化合物	0 g	0%
钠	1242 mg	62%

- 菜品其他营养成分

胆固醇	维生素 A	维生素 C	硫胺素	钙	铁
28 mg	14 μgRAE	2 mg	0.01 mg	55 mg	1 mg

水产类 14

- 菜品名称：清蒸鲳鱼
- 菜品图片

- 菜品食材与配料

鲳鱼 142 g、盐 2、生抽 2 ml、油 4 ml，姜、蒜、葱少许。

- 菜品主要营养成分

营养成分表		
	每 150 g	NRV%
能量	751 kJ/179 kcal	9%
蛋白质	16 g	27%
脂肪	10 g	17%
碳水化合物	6 g	2%
钠	1185 mg	59%

- 菜品其他营养成分

胆固醇	维生素 A	维生素 C	硫胺素	钙	铁
17 mg	微量	0 mg	0.00 mg	38 mg	0 mg

水产类 15

- 菜品名称：豉油清蒸多宝鱼
- 菜品图片

- 菜品食材与配料

多宝鱼 136 g、盐 2 g、蒸鱼豉油 8 ml、油 4 ml，姜、葱、小红尖椒少许。

- 菜品主要营养成分

营养成分表		
	每 150 g	NRV%
能量	488 kJ/116 kcal	6%
蛋白质	16 g	27%
脂肪	5 g	8%
碳水化合物	1 g	0%
钠	1324 mg	66%

- 菜品其他营养成分

胆固醇	维生素 A	维生素 C	硫胺素	钙	铁
7 mg	0 μgRAE	微量	0.00 mg	17 mg	1 mg

水产类 16

■ 菜品名称：蒜蓉粉丝蒸带子
■ 菜品图片

■ 菜品食材与配料

带子 120 g、粉丝 10 g、蒜 10 g、白糖 1 g、鸡精 2 g、蚝油 2 ml、生抽 2 ml、油 3 ml，葱、香菜、小红尖椒适量。

■ 菜品主要营养成分

营养成分表		
	每 150 g	NRV%
能量	393 kJ/93 kcal	5%
蛋白质	6 g	10%
脂肪	3 g	6%
碳水化合物	10 g	3%
钠	1014 mg	51%

■ 菜品其他营养成分

胆固醇	维生素 A	维生素 C	硫胺素	钙	铁
4 mg	0 μgRAE	1 mg	0.01 mg	37 mg	3 mg

水产类 17

■ 菜品名称：粤式焗鲈鱼

■ 菜品图片

■ 菜品食材与配料

鲈鱼 124 g、洋葱 10 g、盐 2 g、白糖 2 g、生粉 3 g、生抽 5 ml、油 4 ml，葱、料酒适量。

■ 菜品主要营养成分

营养成分表		
	每 150 g	NRV%
能量	566 kJ/135 kcal	7%
蛋白质	14 g	23%
脂肪	6 g	11%
碳水化合物	5 g	2%
钠	1178 mg	59%

■ 菜品其他营养成分

胆固醇	维生素 A	维生素 C	硫胺素	钙	铁
62 mg	14 μgRAE	1 mg	0.03 mg	107 mg	2 mg

水产类 18

- 菜品名称：葱姜炒蟹
- 菜品图片

- 菜品食材与配料

梭子蟹 112 g、姜 7 g、洋葱 21 g、盐 1 g、白糖 1 g、生抽 2 ml、蚝油 2 ml、油 4 ml，蒜、香菜、淀粉、料酒适量。

- 菜品主要营养成分

营养成分表		
	每 150 g	NRV%
能量	446 kJ/106 kcal	5%
蛋白质	9 g	15%
脂肪	6 g	10%
碳水化合物	4 g	1%
钠	864 mg	43%

- 菜品其他营养成分

胆固醇	维生素 A	维生素 C	硫胺素	钙	铁
78 mg	68 μgRAE	2 mg	0.02 mg	163 mg	2 mg

水产类 19

- 菜品名称：韭菜炒蚬肉
- 菜品图片

- 菜品食材与配料

蚬肉 82 g、韭菜 58 g、蚝油 4 ml、生抽 2 ml、油 4 ml，姜、蒜、料酒适量。

- 菜品主要营养成分

营养成分表		
	每 150 g	NRV%
能量	284 kJ/68 kcal	3%
蛋白质	4 g	6%
脂肪	5 g	8%
碳水化合物	4 g	1%
钠	304 mg	15%

- 菜品其他营养成分

胆固醇	维生素 A	维生素 C	硫胺素	钙	铁
74 mg	80 μgRAE	1 mg	0.05 mg	37 mg	4 mg

水产类 20

■ 菜品名称：香柠蒸鲩鱼

■ 菜品图片

■ 菜品食材与配料

鲩鱼 136 g、柠檬 7 g、盐 2 g、白糖 1 g、醋 1 ml、油 3 ml，姜、葱、淀粉、料酒适量。

■ 菜品主要营养成分

营养成分表		
	每 150 g	NRV%
能量	512 kJ/122 kcal	6%
蛋白质	13 g	22%
脂肪	7 g	12%
碳水化合物	1 g	0%
钠	825 mg	41%

■ 菜品其他营养成分

胆固醇	维生素 A	维生素 C	硫胺素	钙	铁
68 mg	9 μgRAE	1 mg	0.03 mg	36 mg	1 mg

第四部分

素菜类

素菜类 01

- 菜品名称：白灼菜心
- 菜品图片

- 菜品食材与配料

菜心 140 g、蚝油 3 ml、生抽 3 ml、油 4 ml，蒜少许。

- 菜品主要营养成分

营养成分表		
	每 150 g	NRV%
能量	311 kJ/74 kcal	4%
蛋白质	4 g	6%
脂肪	5 g	8%
碳水化合物	6 g	2%
钠	338 mg	17%

- 菜品其他营养成分

胆固醇	维生素 A	维生素 C	硫胺素	钙	铁
0 mg	94 μgRAE	52 mg	0.06 mg	116 mg	4 mg

素菜类 02

■ 菜品名称：蒜蓉西蓝花

■ 菜品图片

■ 菜品食材与配料

西蓝花 135 g、蒜 8 g、盐 2 g、白糖 1 g、油 4 ml。

■ 菜品主要营养成分

营养成分表		
	每 150 g	NRV%
能量	328 kJ/79 kcal	4%
蛋白质	4 g	7%
脂肪	5 g	8%
碳水化合物	7 g	2%
钠	840 mg	42%

■ 菜品其他营养成分

胆固醇	维生素 A	维生素 C	硫胺素	钙	铁
0 mg	15 μgRAE	63 mg	0.07 mg	60 mg	1 mg

素菜类 03

■ 菜品名称：木耳炝豆腐

■ 菜品图片

■ 菜品食材与配料

豆腐 130 g、木耳 10 g、盐 2 g、白糖 1 g、生抽 2 ml、蚝油 1 ml、油 4 ml，小葱、蒜少许。

■ 菜品主要营养成分

营养成分表		
	每 150 g	NRV%
能量	644 kJ/154 kcal	8%
蛋白质	9 g	15%
脂肪	11 g	18%
碳水化合物	6 g	2%
钠	955 mg	48%

■ 菜品其他营养成分

胆固醇	维生素 A	维生素 C	硫胺素	钙	铁
0 mg	0 μgRAE	0 mg	0.08 mg	108 mg	2 mg

素菜类 04

- 菜品名称：素烩腐竹
- 菜品图片

- 菜品食材与配料

腐竹 110 g、木耳 23 g、大葱 4 g、盐 3 g、白糖 3 g、蚝油 3 ml、油 4 ml。

- 菜品主要营养成分

营养成分表		
	每 150 g	NRV%
能量	2364 kJ/565 kcal	28%
蛋白质	50 g	83%
脂肪	28 g	47%
碳水化合物	30 g	10%
钠	1346 mg	67%

- 菜品其他营养成分

胆固醇	维生素 A	维生素 C	硫胺素	钙	铁
0 mg	1 μgRAE	0 mg	0.15 mg	97 mg	20 mg

素菜类 05

■ 菜品名称：南乳炒藕片

■ 菜品图片

■ 菜品食材与配料

莲藕 128 g、南乳 9 g、蒜 4 g、姜 2 g、白糖 1 g、盐 1 g、鸡精 1 g、油 4 ml。

■ 菜品主要营养成分

营养成分表		
	每 150 g	NRV%
能量	480 kJ/114 kcal	6%
蛋白质	3 g	5%
脂肪	5 g	8%
碳水化合物	16 g	5%
钠	900 mg	45%

■ 菜品其他营养成分

胆固醇	维生素 A	维生素 C	硫胺素	钙	铁
0 mg	2 μgRAE	22 mg	0.05 mg	31 mg	2 mg

素菜类 06

■ 菜品名称：西芹山药炒木耳

■ 菜品图片

■ 菜品食材与配料

西芹 67 g、山药 46 g、木耳 22 g、胡萝卜 8 g、白糖 1 g、盐 2 g、油 4 ml，蒜、葱少许。

■ 菜品主要营养成分

营养成分表		
	每 150 g	NRV%
能量	339 kJ/81 kcal	4%
蛋白质	2 g	3%
脂肪	4 g	7%
碳水化合物	11 g	4%
钠	976 mg	49%

■ 菜品其他营养成分

胆固醇	维生素 A	维生素 C	硫胺素	钙	铁
0 mg	29 μgRAE	6 mg	0.03 mg	38 mg	2 mg

素菜类 07

■ 菜品名称：蒜蓉蒸丝瓜

■ 菜品图片

■ 菜品食材与配料

丝瓜 123 g、蒜 20 g、生抽 5 ml、油 2 ml。

■ 菜品主要营养成分

营养成分表		
	每 150 g	NRV%
能量	263 kJ/63 kcal	3%
蛋白质	2 g	4%
脂肪	2 g	4%
碳水化合物	9 g	3%
钠	295 mg	15%

■ 菜品其他营养成分

胆固醇	维生素 A	维生素 C	硫胺素	钙	铁
0 mg	14 μgRAE	5 mg	0.03 mg	48 mg	1 mg

素菜类 08

■ 菜品名称：蒜蓉炒番薯苗

■ 菜品图片

■ 菜品食材与配料

番薯苗 135 g、蒜 10 g、盐 1 g、油 4 ml。

■ 菜品主要营养成分

营养成分表		
	每 150 g	NRV%
能量	347 kJ/83 kcal	4%
蛋白质	5 g	8%
脂肪	4 g	7%
碳水化合物	9 g	3%
钠	454 mg	23%

■ 菜品其他营养成分

胆固醇	维生素 A	维生素 C	硫胺素	钙	铁
0 mg	153 μgRAE	1 mg	0.27 mg	247 mg	2 mg

素菜类 09

- 菜品名称：松仁荷兰豆
- 菜品图片

- 菜品食材与配料

荷兰豆 107 g、松仁 37 g、盐 2 g、油 4 ml，蒜少许。

- 菜品主要营养成分

营养成分表		
	每 150 g	NRV%
能量	1377 kJ/330 kcal	16%
蛋白质	7 g	12%
脂肪	30 g	51%
碳水化合物	9 g	3%
钠	798 mg	40%

- 菜品其他营养成分

胆固醇	维生素 A	维生素 C	硫胺素	钙	铁
0 mg	38 μgRAE	15 mg	0.16 mg	78 mg	3 mg

素菜类 10

- 菜品名称：胡萝卜丝炒豆芽
- 菜品图片

- 菜品食材与配料

胡萝卜 35 g、豆芽 108 g、盐 2 g、鸡精 1 g、油 4 ml，蒜少许。

- 菜品主要营养成分

营养成分表		
	每 150 g	NRV%
能量	294 kJ/71 kcal	3%
蛋白质	2 g	4%
脂肪	4 g	7%
碳水化合物	7 g	2%
钠	1011 mg	51%

- 菜品其他营养成分

胆固醇	维生素 A	维生素 C	硫胺素	钙	铁
0 mg	118 μgRAE	10 mg	0.04 mg	27 mg	1 mg

素菜类 11

- 菜品名称：蚝油香菇生菜
- 菜品图片

- 菜品食材与配料

生菜 94 g、干香菇 48 g、鸡精 2 g、蚝油 2 ml、油 4 ml，蒜少许。

- 菜品主要营养成分

营养成分表		
	每 150 g	NRV%
能量	231 kJ/55 kcal	3%
蛋白质	2 g	3%
脂肪	4 g	7%
碳水化合物	2 g	1%
钠	482 mg	24%

- 菜品其他营养成分

胆固醇	维生素 A	维生素 C	硫胺素	钙	铁
0 mg	2 μgRAE	0 mg	0.02 mg	14 mg	0 mg

素菜类 12

- 菜品名称：梅菜烧茄子
- 菜品图片

- 菜品食材与配料

梅菜 16 g、茄子 125 g、盐 2 g、白糖 1 g、生抽 2 ml、油 4 ml，小红尖椒、蒜少许。

- 菜品主要营养成分

营养成分表		
	每 150 g	NRV%
能量	270 kJ/64 kcal	3%
蛋白质	2 g	3%
脂肪	4 g	7%
碳水化合物	7 g	2%
钠	1017 mg	51%

- 菜品其他营养成分

胆固醇	维生素 A	维生素 C	硫胺素	钙	铁
0 mg	6 μgRAE	微量	0.04 mg	67 mg	1 mg

素菜类 13

■ 菜品名称：罗汉果莲藕甜汤

■ 菜品图片

■ 菜品食材与配料

罗汉果 15 g、莲藕 30 g、红枣 5 g、冰糖 10 g、水 90 ml。

■ 菜品主要营养成分

营养成分表		
	每 150 g	NRV%
能量	383 kJ/91 kcal	5%
蛋白质	2 g	4%
脂肪	0 g	0%
碳水化合物	26 g	9%
钠	11 mg	1%

■ 菜品其他营养成分

胆固醇	维生素 A	维生素 C	硫胺素	钙	铁
0 mg	0 μgRAE	6 mg	0.04 mg	15 mg	1 mg

素菜类 14

■ 菜品名称：蒜蓉芥蓝

■ 菜品图片

■ 菜品食材与配料

芥蓝 135 g、蒜 8 g、盐 2 g、鸡精 1 g、油 4 ml。

■ 菜品主要营养成分

营养成分表		
	每 150 g	NRV%
能量	325 kJ/78 kcal	4%
蛋白质	5 g	8%
脂肪	4 g	7%
碳水化合物	8 g	3%
钠	1030 mg	51%

■ 菜品其他营养成分

胆固醇	维生素 A	维生素 C	硫胺素	钙	铁
0 mg	微量	49 mg	0.04 mg	164 mg	2 mg

素菜类 15

■ 菜品名称：蚝油豆腐

■ 菜品图片

■ 菜品食材与配料

豆腐 140 g、白糖 1 g、蚝油 4 ml、生抽 1 ml、油 4 ml，小红尖椒、葱、淀粉适量。

■ 菜品主要营养成分

营养成分表		
	每 150 g	NRV%
能量	679 kJ/162 kcal	8%
蛋白质	10 g	16%
脂肪	11 g	19%
碳水化合物	7 g	2%
钠	246 mg	12%

■ 菜品其他营养成分

胆固醇	维生素 A	维生素 C	硫胺素	钙	铁
0 mg	微量	微量	0.08 mg	112 mg	2 mg

素菜类 16

- 菜品名称：上汤豆苗
- 菜品图片

- 菜品食材与配料

豆苗 110 g、瘦肉 20 g、皮蛋 10 g、盐 2 g、白糖 1 g、鸡精 2 g、胡椒粉 1 g、油 4 ml，姜、生粉适量。

- 菜品主要营养成分

营养成分表		
	每 150 g	NRV%
能量	504 kJ/120 kcal	6%
蛋白质	11 g	18%
脂肪	7 g	12%
碳水化合物	6 g	2%
钠	1247 mg	62%

- 菜品其他营养成分

胆固醇	维生素 A	维生素 C	硫胺素	钙	铁
71 mg	90 μgRAE	9 mg	0.24 mg	25 mg	2 mg

第五部分

特色类

特色类 01

- 菜品名称：叉烧包
- 菜品图片

- 菜品食材与配料

叉烧肉 38 g、小麦粉 92 g、叉烧酱 11 g、玉米淀粉 2 g、白糖 6 g、生抽 1 ml，酵母适量。

- 菜品主要营养成分

营养成分表		
	每 150 g	NRV%
能量	1674 kJ/397 kcal	20%
蛋白质	20 g	33%
脂肪	6 g	9%
碳水化合物	68 g	23%
钠	406 mg	20%

- 菜品其他营养成分

胆固醇	维生素 A	维生素 C	硫胺素	钙	铁
14 mg	0 μgRAE	0 mg	0.37 mg	28 mg	2 mg

特色类 02

- 菜品名称：流沙包
- 菜品图片

- 菜品食材与配料

小麦粉 90 g、鸭蛋黄 25 g、奶粉 2 g、黄油 11 g、白糖 12 g、泡打粉 2 g、牛奶 8 ml，酵母适量。

- 菜品主要营养成分

营养成分表		
	每 150 g	NRV%
能量	2200 kJ/525 kcal	26%
蛋白质	16 g	27%
脂肪	22 g	36%
碳水化合物	67 g	22%
钠	162 mg	8%

- 菜品其他营养成分

胆固醇	维生素 A	维生素 C	硫胺素	钙	铁
430 mg	507 μgRAE	0 mg	0.41 mg	135 mg	2 mg

特色类 03

- 菜品名称：老婆饼
- 菜品图片

- 菜品食材与配料

小麦粉 55 g、糯米 22 g、鸡蛋 15 g、熟芝麻 10 g、细砂糖 24 g、猪油 24 g。

- 菜品主要营养成分

营养成分表		
	每 150 g	NRV%
能量	2599 kJ/623 kcal	31%
蛋白质	12 g	20%
脂肪	30 g	51%
碳水化合物	77 g	26%
钠	22 mg	1%

- 菜品其他营养成分

胆固醇	维生素 A	维生素 C	硫胺素	钙	铁
107 mg	40 μgRAE	0 mg	0.28 mg	94 mg	2 mg

特色类 06

- 菜品名称：马拉糕
- 菜品图片

- 菜品食材与配料

小麦粉 35 g、鸡蛋 39 g、奶粉 10 g、红糖 25 g、黄油 8 g、纯牛奶 33 ml，泡打粉、酵母适量。

- 菜品主要营养成分

营养成分表		
	每 150 g	NRV%
能量	1627 kJ/389 kcal	19%
蛋白质	12 g	21%
脂肪	15 g	25%
碳水化合物	52 g	17%
钠	110 mg	5%

- 菜品其他营养成分

胆固醇	维生素 A	维生素 C	硫胺素	钙	铁
257 mg	142 μgRAE	2 mg	0.19 mg	198 mg	2 mg

特色类 07

- 菜品名称：秘制金钱肚
- 菜品图片

- 菜品食材与配料

牛肚 145 g、白糖 1 g、酱油 2 ml、蚝油 2 ml，姜、葱、干辣椒、八角、料酒适量。

- 菜品主要营养成分

营养成分表		
	每 150 g	NRV%
能量	475 kJ/112 kcal	6%
蛋白质	21 g	35%
脂肪	2 g	4%
碳水化合物	2 g	1%
钠	293 mg	15%

- 菜品其他营养成分

胆固醇	维生素 A	维生素 C	硫胺素	钙	铁
151 mg	3 μgRAE	0 mg	0.04 mg	60 mg	3 mg

特色类 08

- 菜品名称：碗仔翅
- 菜品图片

- 菜品食材与配料

鸡胸脯肉 22 g、鸡蛋 12 g、香菇 4 g、粉丝 8 g、老抽 2 ml、香油 2 ml、水 100 ml，马蹄粉少许。

- 菜品主要营养成分

营养成分表		
	每 150 g	NRV%
能量	290 kJ/69 kcal	3%
蛋白质	7 g	12%
脂肪	3 g	6%
碳水化合物	3 g	1%
钠	162 mg	8%

- 菜品其他营养成分

胆固醇	维生素 A	维生素 C	硫胺素	钙	铁
82 mg	27 μgRAE	0 mg	0.03 mg	8 mg	2 mg

特色类 09

- 菜品名称：干炒牛河
- 菜品图片

- 菜品食材与配料

河粉 70 g、牛里脊 39 g、绿豆芽 15 g、洋葱 15 g、盐 2 g、白糖 2 g、油 4 ml、生抽 2 ml、老抽 1 ml，葱、料酒适量。

- 菜品主要营养成分

营养成分表		
	每 150 g	NRV%
能量	759 kJ/180 kcal	9%
蛋白质	11 g	18%
脂肪	5 g	8%
碳水化合物	23 g	8%
钠	1090 mg	54%

- 菜品其他营养成分

胆固醇	维生素 A	维生素 C	硫胺素	钙	铁
25 mg	2 μgRAE	2 mg	0.03 mg	21 mg	2 mg

特色类 12

- 菜品名称：皮蛋瘦肉粥
- 菜品图片

- 菜品食材与配料

米粥66 g、瘦肉35 g、皮蛋45 g、盐2 g、胡椒粉2 g，姜、料酒、淀粉适量。

- 菜品主要营养成分

营养成分表		
	每 150 g	NRV%
能量	660 kJ/157 kcal	8%
蛋白质	14 g	23%
脂肪	7 g	11%
碳水化合物	10 g	3%
钠	1028 mg	51%

- 菜品其他营养成分

胆固醇	维生素 A	维生素 C	硫胺素	钙	铁
275 mg	104 μgRAE	微量	0.21 mg	34 mg	3 mg

特色类 13

- 菜品名称：XO 酱广州炒饭
- 菜品图片

- 菜品食材与配料

米饭 78 g、鸡蛋 31 g、胡萝卜 16 g、玉米粒 9 g、豌豆 6 g、盐 1 g、XO 酱 6 g、油 3 ml。

- 菜品主要营养成分

营养成分表		
	每 150 g	NRV%
能量	833 kJ/199 kcal	10%
蛋白质	6 g	11%
脂肪	8 g	14%
碳水化合物	26 g	9%
钠	561 mg	28%

- 菜品其他营养成分

胆固醇	维生素 A	维生素 C	硫胺素	钙	铁
176 mg	123 μgRAE	3 mg	0.06 mg	40 mg	2 mg

特色类 14

■ 菜品名称：芋头糕

■ 菜品图片

■ 菜品食材与配料

芋头 47 g、黏米粉 90 g、虾皮 2 g、盐 2 g、白胡椒粉 2 g、五香粉 1 g、油 3 ml、生抽 3 ml，洋葱适量。

■ 菜品主要营养成分

营养成分表		
	每 150 g	NRV%
能量	865 kJ/207 kcal	10%
蛋白质	5 g	9%
脂肪	4 g	6%
碳水化合物	39 g	13%
钠	1062 mg	53%

■ 菜品其他营养成分

胆固醇	维生素 A	维生素 C	硫胺素	钙	铁
9 mg	1 μgRAE	2 mg	0.07 mg	53 mg	2 mg

特色类 15

■ 菜品名称：莲蓉包

■ 菜品图片

■ 菜品食材与配料

小麦粉 90 g、莲蓉 53 g、白糖 7 g，酵母适量。

■ 菜品主要营养成分

营养成分表		
	每 150 g	NRV%
能量	1595 kJ/378 kcal	19%
蛋白质	17 g	28%
脂肪	2 g	4%
碳水化合物	74 g	25%
钠	2 mg	0%

■ 菜品其他营养成分

胆固醇	维生素 A	维生素 C	硫胺素	钙	铁
0 mg	4 μgRAE	0 mg	0.34 mg	31 mg	1 mg

特色类 18

- 菜品名称：黑糯米糕
- 菜品图片

- 菜品食材与配料

糯米 54 g、黑米 18 g、莲子 3 g、鸡蛋 58 g、白糖 17 g。

- 菜品主要营养成分

营养成分表		
	每 150 g	NRV%
能量	1146 kJ/274 kcal	14%
蛋白质	10 g	17%
脂肪	5 g	8%
碳水化合物	48 g	16%
钠	68 mg	3%

- 菜品其他营养成分

胆固醇	维生素 A	维生素 C	硫胺素	钙	铁
327 mg	129 μgRAE	0 mg	0.11 mg	43 mg	2 mg

特色类 19

■ 菜品名称：牛肉拉肠

■ 菜品图片

■ 菜品食材与配料

牛里脊肉 47 g、黏米粉 90 g、玉米淀粉 4 g、盐 2 g、油 4 ml、蚝油 2 ml、生抽 1 ml，蒜、姜适量。

■ 菜品主要营养成分

营养成分表		
	每 150 g	NRV%
能量	967 kJ/230 kcal	12%
蛋白质	14 g	23%
脂肪	5 g	8%
碳水化合物	33 g	11%
钠	970 mg	49%

■ 菜品其他营养成分

胆固醇	维生素 A	维生素 C	硫胺素	钙	铁
30 mg	2 μgRAE	0 mg	0.08 mg	7 mg	3 mg

特色类 20

- 菜品名称：清香马蹄糕
- 菜品图片

- 菜品食材与配料

马蹄 52 g、马蹄粉 65 g、冰糖 33 g。

- 菜品主要营养成分

营养成分表		
	每 150 g	NRV%
能量	789 kJ/188 kcal	9%
蛋白质	1 g	2%
脂肪	0 g	0%
碳水化合物	46 g	15%
钠	16 mg	1%

- 菜品其他营养成分

胆固醇	维生素 A	维生素 C	硫胺素	钙	铁
0 mg	3 μgRAE	7 mg	0.03 mg	11 mg	1 mg

特色类 21

- 菜品名称：客家酿豆腐
- 菜品图片

- 菜品食材与配料

豆腐 110 g、猪肉馅 26 g、虾仁 5 g、盐 1 g、白糖 1 g、油 4 ml、酱油 3 ml，姜、蒜、小葱、淀粉、料酒适量。

- 菜品主要营养成分

营养成分表		
	每 150 g	NRV%
能量	928 kJ/223 kcal	11%
蛋白质	12 g	20%
脂肪	17 g	28%
碳水化合物	6 g	2%
钠	599 mg	30%

- 菜品其他营养成分

胆固醇	维生素 A	维生素 C	硫胺素	钙	铁
30 mg	4 μgRAE	0 mg	0.14 mg	94 mg	2 mg

特色类 22

■ 菜品名称：虾饺皇

■ 菜品图片

■ 菜品食材与配料

虾仁 95 g、马蹄 7 g、胡萝卜 8 g、小麦粉 27 g、玉米淀粉 7 g、白糖 1 g、盐 1 g、油 4 ml，姜适量。

■ 菜品主要营养成分

营养成分表		
	每 150 g	NRV%
能量	1422 kJ/236 kcal	17%
蛋白质	23 g	39%
脂肪	5 g	9%
碳水化合物	49 g	16%
钠	656 mg	33%

■ 菜品其他营养成分

胆固醇	维生素 A	维生素 C	硫胺素	钙	铁
185 mg	27 μgRAE	2 mg	0.11 mg	88 mg	1 mg

参考书目

1. 杨月欣．中国食物成分表标准版（6 版　第二册）．北京：北京大学医学出版社，2019.
2. 杨月欣．中国食物成分表标准版（6 版　第一册）．北京：北京大学医学出版社，2018.
3. 中国营养学会．中国居民膳食指南 2016. 北京：人民卫生出版社，2016.
4. 百映传媒．最正广东菜．青岛：青岛出版社，2016.
5. 中国营养学会．中国居民营养素参考摄入量（2013 版）．北京：科学出版社，2014.
6. 赵丽云，于冬梅．0 ~ 6 岁儿童食物和主要营养素图谱．北京：北京大学医学出版社，2014.
7. 梁慧仪，杨远雄．最正广东菜大全．广州：广东科技出版社，2014.
8. 杨月欣．中国食物成分表（2004, 第二册）．北京：北京大学医学出版社，2005.
9. 李勇．营养与食品卫生学．北京：北京大学医学出版社，2005.